I0076296

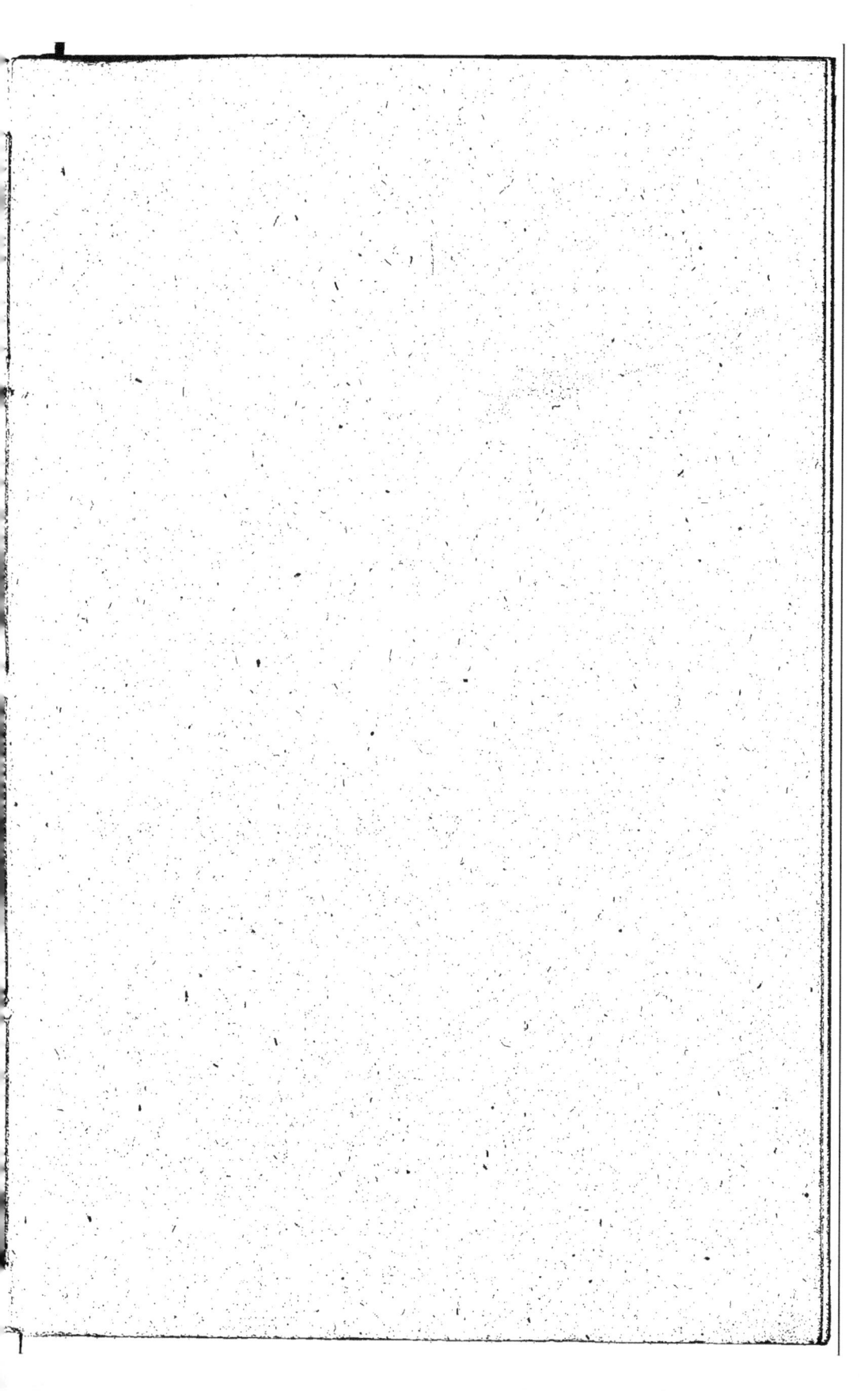

26661

# AGRICULTURE

## ET

# INDUSTRIE.

Les écrivains qui font le tableau de la situation de la France, assimilent généralement le sort des industriels et celui des cultivateurs, tombant ainsi dans une confusion qui nuit à la solidité de leur thèse. Il est aussi utile que facile de rétablir la vérité.

En France, l'agriculture et l'industrie suivent des courants opposés. L'agriculture va au morcellement, l'industrie à la concentration. C'est un fait incontestable.

La loi civile qui règle les mutations est cependant la même : pourquoi une aussi profonde différence dans les résultats ?

C'est que l'agriculture, fidèle aux vieilles pratiques, n'a pas appris à mobiliser le droit de propriété sous forme actionnaire ; la culture et la propriété sont restées unies ; les partages ont divisé le sol lui-même, et non le prix ni les revenus du sol. De là ce vêtement aux mille bizarres lambeaux qui couvre la surface de la France.

L'industrie, au contraire, a mobilisé la propriété sous forme d'action ; elle a combiné l'unité d'exploitation avec la multiplicité des propriétaires ; les partages ont atteint des valeurs, en capitaux ou en papiers, facilement divisibles : l'association

---

(1) Voir la note à la fin de cet article.

1

n'a exigé que des calculs arithmétiques. De là ces puissantes compagnies qui commencent à faire la loi même au gouvernement.

Mais pourquoi, peut-on dire encore, l'agriculture n'a-t-elle pas adopté la méthode perfectionnée de la forme actionnaire ? Parce qu'il est dans la nature humaine d'arriver au difficile par le facile, au composé par le simple ; et que la combinaison actionnaire est infiniment plus difficile et plus complexe pour l'agriculture que pour l'industrie, par des raisons puisées dans les différences des procédés techniques, des instruments de travail et de l'administration, différences inutiles à développer, tant elles sont aisément perceptibles à la raison et à l'observation. De cette fondamentale distinction découlent de nombreuses conséquences pour le sort des travailleurs et des maîtres.

## § I. — LES TRAVAILLEURS.

Le sort des ouvriers (travailleurs industriels) semble pire que celui des cultivateurs (travailleurs agricoles, salariés à l'année ou à la journée).

La concentration industrielle, disposant de forts capitaux, emploie les méthodes les plus perfectionnées, c'est-à-dire les plus économiques ; elle remplace la main-d'œuvre de l'homme par celle de la nature ; au moyen de machines, elle tend à se passer de l'ouvrier. Le morcellement agricole, privé de capitaux et de terrain, renonce et aux machines inanimées et aux machines vivantes, les bestiaux, pour recourir aux bras de l'homme. Il multiplie ainsi la main-d'œuvre et appelle le travailleur.

Par la concurrence des machines, par celle de ses rivaux, aussi affamés que lui, par la surabondance des bras, le salaire de l'ouvrier baisse de plus en plus; lui-même devient inutile.—Par la suppression des machines et des bestiaux de trait, par la rareté des bras, qui croît en proportion de la quantité croissante de travail à accomplir , par la concurrence de maîtres nombreux, le salaire du cultivateur s'élève malgré le propriétaire.

L'ouvrier n'a qu'une corde à son arc; il ne connaît qu'un métier , souvent une seule parcelle d'un seul métier; ses goûts, ses habitudes , son éducation, le détournent de tout autre : hors de là, point de salut pour lui. Il faut que tôt ou tard il revienne humblement lécher la main qui l'exploite, mais qui le nourrit. Le cultivateur fait dix métiers : il bêche , il sarcle , il laboure, il fauche, il moissonne, il vendange, il bat et engrange les grains, il élève des bestiaux; il est quelque peu charron , charpentier, maçon, forgeron, cantonnier, terrassier , parce qu'il s'est familiarisé dès l'enfance avec la partie grossière et facile de ces métiers. Ses forces, d'ailleurs, lui rendent abordable toute espèce de travaux pénibles.

L'ouvrier jeté sur le pavé par un chômage, un caprice ou une faute, est sans ressources au bout de quelques jours, parce qu'il a dépensé son salaire avec imprévoyance, semaine par semaine, à mesure des paiements.—Le domestique de ferme qui reçoit son congé, reçoit en même temps l'arriéré de son salaire depuis le jour de son louage; il peut prendre patience plus longtemps et voir venir plus à son aise.

L'ouvrier quittant un atelier est obligé à de longs voyages pour aller chercher au loin du travail et du pain ; il épuise en courses inutiles ses épargnes, ses forces et celles de sa famille. Le cultivateur a franchi en deux pas la frontière du maître qu'il abandonne ; dans un rayon de quelques kilomètres, il trouve dix fermes pareilles ; il sait d'avance le nom, la réputation, la fortune des maîtres voisins ; il va droit à leur porte , presque sans dépense de temps ni d'argent.

L'ouvrier est un prolétaire; s'il possède un misérable loge-

2

ment, c'est une propriété qui se détériore par l'usage et le temps.—Le cultivateur a généralement un lopin de terre, ou il en prend un à colonage partiaire, et quelques bêtes à cheptel. Il féconde ce champ de ses sueurs, il engraisse ces bêtes par ses soins, il en accroît la valeur et profite annuellement de partie des produits. La pomme de terre, qui, à égale surface, donne cinq fois plus de substance alimentaire que le blé, est un don providentiel qui l'émancipe en lui fournissant la principale partie de sa nourriture. Le reste, il se le procure aisément par quelques journées de travail chez ses voisins ou sur les routes.

La santé de l'ouvrier est minée insensiblement tous les jours par la vie sédentaire, par l'aspiration d'un air malsain, par l'entassement dans des locaux étroits, par l'habitation dans des caves humides ou des greniers. Sa taille baisse, ses forces faiblissent; ses organes, exagérés d'une part, atrophiés de l'autre par un travail unique, se déforment; il reçoit et transmet un sang appauvri. La race dégénère.

Le cultivateur vit en pleine campagne; il agit de tous ses membres; il se réjouit à la chaleur vivifiante du soleil; et, quelque sale que soit sa maison, elle est plus dégagée, plus ouverte à l'air et à la lumière que la mansarde de l'ouvrier; et, s'il lui arrive de coucher dans les étables ou les granges, il n'y puise du moins aucun miasme délétère. Aussi la race s'altère moins vite.

L'ouvrier est entouré de dangereuses sollicitations : spectacles, cafés, estaminets, luxe, jeux, tout l'entraîne à la dissipation, au chômage, et à une ruine que les emprunts sur gages rendent trop facile.—Le cultivateur n'a de tentations que par le cabaret, tentations moins coûteuses et réduites à un jour par semaine. L'épargne lui est plus facile; il y est invité par le mode de paiement de son salaire, qui lui donne en une seule fois, s'il est loué, une somme assez considérable, dont il sent mieux le prix. Il y est invité encore, parce qu'il lui est plus facile de s'élever à la propriété par l'achat et la revente de quelques bestiaux; plus tard, d'un bout de champ; jouissance d'amour-propre qu'il apprécie infiniment. Plus borné dans ses désirs et dans ses besoins, il les satisfait plus sobrement. C'est double économie.

Le progrès de l'industrie empire le sort de l'ouvrier : témoin l'Angleterre, que ravage un effrayant paupérisme. — Les progrès de l'agriculture, s'ils profitent peu au cultivateur, du moins ne le ruinent pas; souvent même il en prend sa part, à l'exemple de voisins plus riches.

Il en est de même du progrès social. La division de l'héritage en parts égales, l'abolition des priviléges de l'aristocratie nobiliaire et sacerdotale, ont profité au cultivateur en l'émancipant, en lui ouvrant l'accès de la propriété, en multipliant la main-d'œuvre, soit par la vente des biens nationaux, soit par le morcellement, soit par l'activité plus grande des travaux publics ou particuliers. Le sort du paysan de la France est aujourd'hui infiniment supérieur, même par le bien-être matériel, à son ancienne condition. Ceux qui le nient n'ont qu'à interroger les vieillards, qui leur apprendront mieux la vérité que des statistiques mal faites.—Mais en quoi cette rénovation sociale, faite au nom de la fraternité humaine, a-t-elle ennobli ou enrichi les prolétaires de Lyon, de Rouen, de Lille? Instrument des émeutes, des agitations populaires, des révolutions politiques, l'ouvrier expie son dévouement par la prison, souvent par la mort. Même dans le succès, il est toujours dupe et victime, par le resserrement des capitaux et la réduction du travail, effet immanquable de la frayeur des industriels. Mais la peur expire au seuil des villes, et le cultivateur y gagne souvent l'émigration des riches dans les campagnes, où ils vont chercher une existence moins troublée. Or, la richesse, c'est le luxe, souvent la charité, divinités bienfaisantes qui répandent leurs largesses sur les pauvres.

Enfin, à défaut de toutes ressources, le cultivateur, privé de plaisirs artificiels, jouit des biens naturels : le soleil, l'air et le mouvement. Il s'étend sur la terre et s'endort en toute sécurité ; il se lève et mendie, toujours sûr de trouver l'aumône d'un morceau de pain et souvent un gîte sur la paille ; et, chemin faisant, il maraude à droite et à gauche, espérant l'impunité de l'éloignement de la police ou de la tolérance du propriétaire. — L'ouvrier ne peut s'étendre sur le pavé des rues, — la place est prise ; ni mendier de porte en porte, — la police le défend ; ni voler, — le boutiquier n'entend pas raillerie, et les tribunaux sont tout près, aussi menaçants pour le voleur qu'indulgents pour le maraudeur. Le vol d'un pain se rachète par un à cinq ans de prison (sauf circonstances atténuantes) ; le vol du blé en épi qui a servi à faire le pain, par cinq à dix francs d'amende (sauf circonstances aggravantes). Voilà ce qu'il en coûte d'habiter la ville. Souvent, il est vrai, elle est dotée d'un hôpital ; mais, dans ces asiles de la misère, les places sont moins nombreuses que les infirmités qui les réclament, et presque toujours elles constituent le privilége de la faveur.

Ne semblerait-il pas, d'après ce parallèle d'une exacte vérité, que les populations rurales devraient bénir leur destinée, et redouter l'envahissement des habitants des villes ? Loin de là, c'est le contraire qui arrive. Des campagnes aux villes s'opère un mouvement d'émigration incessant ; la ville attire, absorbe les campagnes ; elle leur rend de loin en loin quelque industriel enrichi et blasé, quelque intelligence élevée et fatiguée du contact des hommes ; mais le peuple, jamais. Comment expliquer ce déplacement général qui appauvrit les campagnes et y fait renchérir la main-d'œuvre, en même temps qu'il encombre les villes de bras surabondants, et y élève le prix de la vie matérielle ?

Ce n'est pas un des phénomènes économiques les moins remarquables de notre temps, et l'inconvénient présent n'en est que le moindre mal. Il y a là une terrible menace pour l'avenir, si l'on ne sait pas y voir une leçon utile.

Les cultivateurs désertent la campagne, parce que la vie agricole offre au peuple moins de charmes que la vie industrielle : si la première présente plus de solidité, plus d'avantages réels, plus de calme, la seconde a plus d'attraits ; or, l'homme cède à l'attrait plus qu'à la raison. La vie agricole repose sur la domesticité ; la vie industrielle en est dispensée, elle est plus élevée d'un degré dans l'échelle de l'affranchissement.

La vie agricole, disons-nous, repose sur la domesticité. Sans doute, arrivé à l'âge mûr, le cultivateur devient souvent chef de famille, propriétaire libre ; mais son enfance et sa jeunesse se sont passées dans la domesticité ; mais ses enfants, inutiles à une culture pour laquelle il suffit, devront se louer. Et telle est l'exigence des conditions d'une exploitation rurale, que le valet de ferme doit, sauf pour les travaux d'été, se louer à l'année. Sa fonction embrasse cette période entière, et le renouvellement ne pourrait, sans désordres graves, s'opérer à des intervalles plus rapprochés. Contre cette nécessité des premiers temps de la vie, il y a eu peut-être toujours une sourde et instinctive répugnance, aujourd'hui c'est devenu une aversion bien sentie, et, disons-le, bien méritée.

Tant que la domesticité s'est pratiquée sous l'empire des sentiments religieux, ce qu'elle a d'humiliant a été voilé par la bienveillance paternelle des maîtres, par le respectueux dévouement du serviteur. Ce fut longtemps la seule école de la vie, le seul apprentissage de la profession agricole, pour les pauvres fils du cultivateur : le domestique alors n'était pas étranger à la maison qu'il adoptait ; il en faisait partie ; il avait sa part dans les affections et les souvenirs des enfants, comme dans l'estime des pères ; jeune, on l'aidait à se marier ; vieux, il trouvait un asile contre la faim ; quelquefois il accomplissait sous le même toit sa paisible destinée, presque du berceau à la tombe. Son avenir religieux même n'était pas indifférent à sa maîtresse, qui veillait avec sollicitude à son éducation morale, et souvent lui distribuait elle-même la parole de consolation et la lumière de l'intelligence. On retrouve encore, non sans une heureuse émotion, des restes de ces nobles et vieilles mœurs dans nos campagnes reculées, où se conservent avec respect les pieuses pratiques des ancêtres. Ainsi se relevaient, par un attachement réciproque, les liens de la domesticité; ainsi se faisait pardonner l'inégalité des conditions sociales.

Ces temps ne sont plus. Les désastres des révolutions, les progrès de l'industrie, l'affaiblissement des croyances religieuses, ont remplacé le vieil esprit par un esprit nouveau. Maîtres et domestiques n'engagent plus leur cœur dans un contrat de louage; ayant cessé de s'aimer, ils se surveillent avec méfiance. Dans les rapides transformations qui s'opèrent sous ses yeux, le serviteur apprend à ne pas compter sur un abri pour sa misère; les spoliations dont il a été victime, rendent suspects au maître les services d'hommes qui se sont montrés moins ses frères que ses ennemis.

Ce changement suffirait à expliquer pourquoi la domesticité paraît aujourd'hui un fardeau plus lourd que jadis. Qu'est-ce donc, si l'on y joint cet universel désir d'émancipation et de liberté qui circule pour ainsi dire dans l'air, qui s'insinue dans le cœur par la parole, par la presse, et l'autorité plus contagieuse encore de l'exemple? Chaque hameau compte quelques privilégiés enrichis par l'industrie et le commerce, élevés par le sacerdoce ou la guerre. Les familles favorisées de ces bonheurs sont le point de mire de toutes les autres. Les enfants jetés dans les écoles primaires, nourris d'espérances ambitieuses par leurs parents eux-mêmes, sont élevés fatalement, sinon sciemment, au dédain du travail infime de la culture; tourmentés par le vague besoin de curiosité, de mouvement, presque de vagabondage, si naturel à l'homme, pourraient-ils accepter avec résignation la dure perspective de la domesticité, alors que les distances s'effacent, et que les fantômes rêvés à peine par leurs pères, dans les horizons les plus lointains, viennent poser devant eux, avec d'irritantes sollicitations, à quelques heures, à quelques jours à peine d'éloignement ?

De ce défaut d'équilibre entre la position, transmise par la naissance, et les aspirations de l'âme, résultent, non moins que de l'opposition des intérêts, cette inquiète turbulence, cette perpétuelle mobilité, ce concours insouciant dont se plaignent tant les maîtres, enfin ces migrations vers les villes, qui en sont le symptôme le plus éclatant, et comme le dernier adieu aux champs paternels.

Dans les villes, la domesticité est moins rude et mieux rétribuée; elle compense, par l'argent et l'oisiveté, l'humiliation plus grande qui la caractérise. L'industrie n'enchaîne l'ouvrier que pour de courts intervalles, qui se comptent par jour, par semaine, par mois; le salaire, au lieu de se faire attendre une année entière, vient réjouir le cœur toutes les semaines. On se sent plus libre, et on peut jouir plus agréablement de sa liberté, par les plaisirs variés et faciles qui sont à la portée de tous. On voyage par métier, on travaille en compagnie et à l'abri de l'intempérie des saisons; les besoins se raffinent, les passions s'éveillent, l'intelligence se développe, les vives excitations des jours d'abondance font rapidement oublier les privations des jours de crise. Fasciné par le charme de cette vie pleine d'agitation et de variété, l'ouvrier se livre avec confiance aux chances d'un avenir inconnu, et il marche toujours en avant, entre la joie et les larmes, jusqu'au jour où il tombe victime de cette concurrence qu'il est venu alimenter. Proie jetée désormais aux conspirations politiques, aux sociétés secrètes, aux coalitions industrielles, il a perdu pour toujours le goût de la vie simple et laborieuse des champs.

Mais l'industrie, à son tour, se venge sur l'agriculture de ce funeste présent d'une population surabondante. Telle est, au sein des ateliers, l'infaillible décroissance de l'espèce humaine, que les classes industrielles ne peuvent plus fournir leur contingent pour le recrutement, et les campagnes sont appelées presque seules à renouveler l'armée; autre cause de dépopulation qui aggrave la condition des agriculteurs.

Ainsi s'enchaîne le mal par cette loi de solidarité qui préside aux destinées du monde. La nature et la société sont les deux pôles de l'homme, et, hors de leur double influence, pas de bonheur. Le travailleur des champs est plus près de la nature, le travailleur des villes plus près de la société ; mais jetés l'un et l'autre hors des lois divines de leur union avec la nature et la société, ils trouvent partout des maîtres, non des amis.

## § II. — LES MAITRES.

Et les maîtres sont-ils plus heureux?

On le croit, on le dit, on l'imprime. Est-ce bien vrai ?

Certes, il n'est guère de condition matériellement pire que celle des travailleurs salariés ou libres, mal logés, mal nourris, mal vêtus, mal couchés, mal chauffés, condamnés à une tâche d'une désolante monotonie, abandonnés dans leurs maladies, rejetés dans leur vieillesse, abrutis dans leur intelligence et souvent dans leurs sentiments. Et Dieu nous garde de prétendre que ce dernier malheur, pour n'être pas compris, n'est pas réel! Il est réel comme celui de l'aveugle-né, qui, ne connaissant pas la lumière, ne soupçonne pas l'étendue de son infortune. Mais enfin le travailleur a été prédisposé à un sort pénible par son éducation, par ses habitudes, par l'exemple de ses parents et de ses voisins. Il peut et sait vivre de peu; des impôts, il n'en paie guère. Sa souffrance est pour ainsi dire toute physique.

Son maître, à la vérité, souffre peu par les sens ; mais par l'âme, combien ?

Que la fortune lui soit sévère , il est atteint, dans ses attachements, par l'infidélité de ses amis ; dans son ambition, sapée par son unique base , l'argent ; dans son amour, par les privations imposées à sa femme, dont il ne peut contenter les besoins réels ni les fantaisies , aussi sacrées que les besoins; dans ses affections de famille , par la difficulté d'élever et d'établir convenablement ses enfants. Il ne peut guère réduire son état de maison , renoncer à ses relations sociales , retirer de la pension son fils ou sa fille, sans faire à son amour-propre et à son cœur les plus cruelles blessures. Il ne peut laisser vendre son mobilier, pour échapper aux impitoyables rigueurs du fisc ou aux dettes sacrées des services domestiques ; il ne peut même, en laissant incultes ses champs , s'abstenir d'ajouter à sa ruine. Quelle voie pour réparer les torts des saisons ou de la spéculation ? Un emprunt écrasant par une hypothèque discréditante , ou par l'engagement de sa personne à la contrainte personnelle. Et quelle consolation ? La certitude de vendre , dans quelques années , son patrimoine , ou de l'entrevoir , tout au moins, émietté un jour entre les mains de ses enfants, par un partage dont la seule pensée remplit d'amertume les heures passagères de ses joies de maître.

Ce tableau n'est pas de fantaisie , les milliards inscrits au livre des hypothèques en garantissent la sincérité.

Par une singulière fatalité , les années d'abondance, celles où les récoltes ont été respectées par ces nombreux ennemis visibles ou invisibles qui assiègent sans cesse l'agriculteur , ne sont pas pour lui de bonnes années qui compensent les mauvaises. Les produits , encombrant les marchés , sont dépréciés par la concurrence ; et , ce qui est plus étrange, c'est alors que les frais de culture sont le plus élevés. Les économistes ont beau assurer que les salaires haussent ou baissent avec les prix des denrées, cela n'est pas vrai pour le propriétaire. Quand elles sont chères, le travailleur, comprenant qu'il lui sera plus difficile de pourvoir à sa subsistance, se loue à bon marché, et, assoupli par la crainte de la faim, il est docile et laborieux. Que les vivres soient à bas prix, alors il sait qu'avec quelques journées il gagnera sa vie, il n'engage sa liberté qu'à son corps défendant, et par l'appât d'un salaire élevé ; intraitable dans son service, il met à tout instant à son maître le marché à la main. Il travaille beaucoup moins et beaucoup plus mal.

Telle est, sur les propriétaires, l'action du morcellement. En réduisant l'usage des machines et des bestiaux, en multipliant et renchérissant la main-d'œuvre, il diminue leurs bénéfices. La rareté des bras ou leur haut prix est pour eux un mal bien autrement grave que la rareté ou le haut prix des capitaux, qu'ils sauraient bien créer par leurs profits, s'ils en faisaient. Mais une mauvaise année les gêne ; deux ou trois les mènent à la ruine. Ils voient approcher avec effroi le jour où, les frais de culture absorbant leur gain, ils seront obligés de partager avec leurs agents ou d'abandonner leurs héritages. Ils n'échappent aux privations physiques que pour tomber dans les tortures morales, plus poignantes que les premières de toute la supériorité des passions de l'âme sur celles du corps.

Que le travailleur agricole n'envie donc pas le sort de son maître, dont il n'ignore pas la détresse, qui, par une réaction constante, retombe sur lui par contre-coup, le propriétaire agriculteur étant, faute de ressources suffisantes, obligé de renoncer aux améliorations et aux embellisements de son domaine.

L'homme heureux du siècle, c'est le maître industriel. Pour lui la concentration est tout avantage. Par ses machines, il

substitue la nature à l'homme ; par son indépendance des saisons , il suspend l'ouvrage à volonté, et force l'ouvrier à subir ses conditions; par ses grands établissements , il réduit ses
frais généraux ; par ses réserves, il attend , pour vendre , le
moment favorable ; par son crédit, il achète aux meilleures
conditions ; par son influence, il fait protéger son industrie ;
par ses correspondances lointaines, il connaît les nouveaux
débouchés ; par l'habileté de ses agents , il perfectionne ses
produits ; par ses richesses, il se procure les rapides informations ; par sa puissance, que multiplie l'association , il
forme de redoutables compagnies, initiées aux secrets d'État,
imposant leur loi au gouvernement , ou bravant celle qu'elles
n'ont pas faite. A lui les pompes du luxe , l'ivresse des plaisirs, les enchantements des voyages , l'orgueil de la domination, l'importance parlementaire , tous les priviléges de l'antique noblesse , raffinés par la moderne civilisation.

Cependant il n'échappe pas à la loi vengeresse de la solidarité.

Les querelles ou les jalousies nationales, la concurrence
plus habile de ses rivaux , lui ferment ses débouchés , et ses
produits s'entassent dans ses magasins ; les variations de
mode déprécient ses marchandises ; les banqueroutes font
brèche à ses bénéfices ; le peuple dépensant d'autant moins
que moindre est son salaire, la consommation intérieure, cette
base solide de la prospérité industrielle, se réduit et réduit
la vente. Lié par ses engagements pour la livraison à terme
fixe de ses fournitures, il peut quelquefois subir les exigences
de l'ouvrier. En dehors de ces dangers permanents, et en quelque sorte normaux , éclatent de temps à autre des crises violentes, des coalitions qui condamnent ses capitaux au chômage, des incendies ou des pillages qui détruisent ses établissements , des commotions politiques qui ébranlent son
crédit, si elles ne le ruinent. Toutes ces causes , grossies par
la peur, tempèrent quelque peu l'injustice de son bonheur particulier au milieu de la tristesse générale. Ainsi toujours au

char du triomphateur s'attache l'insulte, pour lui rappeler la
vanité de ses joies égoïstes.

---

## § III. — CONCLUSIONS.

Le double courant qui entraîne l'agriculture et l'industrie
en sens opposé, aboutit à un double abîme.

Le morcellement agricole tend à remplacer la grande et
moyenne propriété par des millions de petits cultivateurs,
vrais esclaves de la glèbe, sans forces mécaniques, sans bestiaux, sans intelligence, sans puissance, sans prévoyance,
déchirés par l'envie, aigris par les querelles, dévorés par
l'usure, divisés par des myriades de haies, entravés par
les servitudes, défrichant toutes les pentes, pillant les champs
des voisins et dévastant les restes de forêts. En vain augmente
la quantité des produits bruts, tout est consommé sur place;
il ne reste rien pour l'industrie, privée des matières premières
qu'elle est chargée de transformer ; et les esprits que la nature appelait aux professions libérales, restent enfouis dans
les profondes couches de cette plèbe dégradée.

Tout au contraire, la concentration industrielle tend à élever, sur les débris de la petite et de la moyenne industrie, de
riches compagnies qui oppriment directement des millions
d'ouvriers, indirectement le pays entier. Déjà le commerce,
la fabrique, les chemins de fer, les canaux, les banques, pas-
sent à vue d'œil en leurs mains; le tour du sol viendra un peu
plus tard. Dès aujourd'hui, l'on peut remarquer que tous les
domaines qui échappent au morcellement sont achetés par les
commerçants et les industriels.

La nation tend donc à se partager en deux classes, par la
suppression de la classe moyenne : d'un côté, le prolétariat

agricole ou industriel ; de l'autre, la féodalité financière. Nous approchons de l'ère du servage collectif des travailleurs sous l'aristocratie collective des capitalistes, du règne absolu du capital sur le travail.

Quand nous en serons là, ce sera pour la France le signal d'une prompte décadence. La richesse et la puissance d'un peuple consistent surtout dans la fécondité du sol et dans la vigueur des populations. Le sol, envahi par la culture épuisante des pommes de terre, cessera de produire des fourrages, des bestiaux, du blé. Les populations, mal nourries, perdront de leur force, de leur activité, de leur beauté. Le capital social diminuera par la dépréciation des instruments de travail (le sol, les bestiaux et les machines) et des agents de travail (les hommes). Un peuple appauvri est un peuple anéanti.

Quelques traits de ce tableau peuvent paraître trop sombres ; ils le sont, en effet, pour la situation présente, parce que la France s'engage, depuis quelques années à peine, dans la féodalité financière. Les classes moyennes sont encore fortement constituées ; elles tiennent de l'héritage ou de leurs profits des réserves de capitaux qui les soustraient au vasselage. On peut même dire que le morcellement s'est jusqu'ici révélé moins par ses torts que par ses bienfaits, tels que l'amélioration provisoire du sort des pauvres et la plus-value donnée à des terrains autrefois incultes. De même, on peut, à ne regarder que la surface des choses, se laisser éblouir par les œuvres brillantes qu'a souvent accomplies l'association des capitalistes. Mais, pour juger les phénomènes sociaux, il en faut considérer toutes les faces, pénétrer dans l'intimité de leur essence, en prévoir les futures et nécessaires influences ; car, une fois sur la pente, arriver au terme n'est plus qu'une affaire de temps. A ce point de vue, notre appréciation est malheureusement d'une incontestable justesse.

## § IV. — REMÈDE.

Sommes-nous condamnés à d'impuissantes lamentations ou
à de non moins stériles imprécations ? Non. L'homme n'est jamais victime que de lui-même, et il aurait tort de reprocher à
la Providence un mal nécessaire. Tout mal provient de lui ; il
peut donc le guérir.

Contre la féodalité financière, le peuple doit recourir à la
même tactique qu'il employa pour démolir la féodalité nobi-
laire.

Que fit au moyen-âge le tiers-état pour s'émanciper ? Il ten-
dit la main à la royauté, et, dans une lutte incessante, ces deux
puissances attaquèrent l'aristocratie dans sa force militaire, dans
ses attributs de justice et de grâce, dans ses institutions civi-
les, dans ses priviléges sociaux. L'aristocratie, ébranlée dans
ses fondements, plia ou rompit. La nuit du 4 août proclama
l'unité politique.

C'est la grande manœuvre qu'il faut renouveler aujourd'hui ;
non plus en personnifiant l'état dans une personne ou une dynas-
tie, mais en faisant de la royauté le symbole du pouvoir. Devant l'alliance du pouvoir et du peuple doivent fléchir les compagnies vaincues par une concurrence systématique, ferme,
intelligente, qui reporte à la nation le bénéfice de leurs mono-
poles. Elles sont peu nombreuses et ne peuvent tenir longtemps. Que l'État cesse de les faire éclore par l'impolitique con-
cession des richesses métallurgiques et des voies de communi-
cation : qu'il devienne entrepreneur et producteur, au besoin
même industriel, commerçant, banquier, dans la mesure des
intérêts généraux. Qu'il constitue ainsi vigoureusement l'unité
sociale par une transformation qui pourra être pacifique ; car
le mécanisme si admirablement facile de la circulation des
capitaux mobiliers permet d'éviter toutes ces subtilités spo-

liatrices, toutes ces réactions violentes qui ont si déplorablement souillé la défaite de la féodalité territoriale.

Cette unité peut se convertir en une féconde association, par deux moyens : l'un direct, l'autre indirect. Directement, l'État, entrepreneur de travaux publics, peut faire appel à une souscription nationale, dont les coupons d'action, d'une extrême modicité, offrent un placement séduisant à ces petits capitaux qui dorment inutiles dans les bourses.

Indirectement, il peut atteindre le même but par les caisses d'épargne, institution trop sévèrement jugée par quelques-uns. C'est déjà un immense mérite que d'avoir intéressé à la stabilité sociale ces millions de prolétaires, dont la turbulence est si redoutable dans nos temps de crise. Que leurs fonds concourent à l'exécution des travaux publics, et qu'en sus de l'intérêt garanti par la loi, les caisses acquièrent droit à une légère participation aux bénéfices : le peuple sera, par cette simple combinaison, associé au progrès non moins qu'à la conservation à la propriété, aussi bien qu'à l'usufruit du sol national.

Que l'on combine les deux moyens, que l'on en adopte un seul, la nation entière devient solidaire d'intérêts et s'élève au rang de capitaliste ; chacun peut dire avec une légitime fierté, en parcourant la France : Voilà mes chemins de fer, mes canaux, mes bateaux à vapeur, mes mines ; et non plus les chemins de fer, les canaux, les bateaux à vapeur et les mines de Rothschild et compagnie.

Le bien, comme le mal, ne vient jamais seul ; les désastreux effets du morcellement seront quelque peu paralysés par cette participation du cultivateur aux jouissances et aux ressources du capitaliste : toutefois, le torrent ne tarderait pas à rompre la digue, s'il n'était lui-même l'objet d'une manœuvre aussi large, et cependant non moins pacifique dans sa hardiesse, mais beaucoup plus difficile, nous le reconnaissons.

Il faut d'abord renoncer de bonne grâce et pour toujours à

modifier la loi des partages. L'égalité, sauf légères faveurs, est passée dans les mœurs et dans le sentiment public ; l'industrie et le commerce s'en accommodent ; il faut que l'agriculture en prenne son parti et s'y soumette. Les majorats, les substitutions, le droit d'aînesse, toutes ces chaînes de l'aristocratique Angleterre, la France les a définitivement secouées.

Il ne faut pas s'amuser non plus à défendre la division au-dessous d'une certaine contenance prise pour unité typique de culture. Peu étendue, ce serait le masque du morcellement : vaste qui l'achèterait. Que deviendraient les fils de famille expropriés ? Des domestiques ou des ouvriers, partant des prolétaires, c'est-à-dire des ennemis.

Ne faisons pas plus de cas de la création des banques agricoles, de la réforme hypothécaire, et autres expédients proposés par les économistes. C'est à merveille dans les pays où, la main-d'œuvre étant à bas prix, les denrées s'écoulant avantageusement, le bénéfice des bonnes années peut couvrir l'emprunt fait dans une gêne passagère. Mais en France, où, par le haut prix de la main-d'œuvre, par le bas prix des produits, les bénéfices du propriétaire suffisent à peine à l'entretien de sa famille ; où l'intérêt de l'argent, quelque faible qu'on le suppose, est toujours onéreux ; faciliter l'emprunt, c'est faciliter la ruine.

L'agriculteur qui demande des capitaux à la banque, fait la même opération que s'il achète le fumier, cet autre engrais du sol : il s'engage dans un filet dont l'entrée est facile, l'issue impossible. La bonne agriculture doit améliorer son fonds avec des revenus, sinon abdiquer. Le morcellement s'inquiète peu de pareilles entraves.

Il faut se résigner à une lente agonie, ou trouver une combinaison qui réunisse les avantages de l'agriculture et de l'industrie, de la propriété immobilière et de la propriété mobilière, des campagnes et des villes, qui permette la division du droit sans division de la matière.

Cette combinaison, nous pensons qu'elle est découverte ; c'est la constitution actionnaire de la propriété agricole appliquée à la grande culture, avec participation du travail aux bénéfices du capital.

Que ceux qui jugent cette solution *imparfaite* en proposent une meilleure (1).

Jules DUVAL.

(1) Cet article est extrait de l'*Agriculture de l'Ouest*, journal qui compte trois années d'existence (1844), sous la direction de M. Jules Rieffel, de Grand-Jouan.

Ce recueil, organe de l'Association Bretonne, paraît tous les trois mois en une livraison de 112 à 144 pages grand in-8.º, avec gravures, cartes, plans nécessaires à l'intelligence du texte. — Quatre livraisons forment, par an, un volume de 5 à 600 pages.

La cotisation annuelle des *membres de l'Association* qui reçoivent ce journal, est de 15 francs. — M. Philippe Kerarmel, trésorier de l'Association Bretonne, à Lorient, reçoit les souscriptions.

Les simples abonnés au journal paient 12 francs. — S'adresser à M. Prosper Sebire, libraire, éditeur de l'*Agriculture de l'Ouest*, à Nantes.

NANTES, IMPRIMERIE DE M.<sup>me</sup> VEUVE CAMILLE MELLINET.—38,189.

O